Jawan Tumbahangfe
Bharat Raj Subba

Desenvolvimento embrionário de Bhakur, Catla Catla

Jawan Tumbahangfe
Bharat Raj Subba

Desenvolvimento embrionário de Bhakur, Catla Catla

Estudo do desenvolvimento morfo-embriológico e histo-embriológico de catla catla

ScienciaScripts

Imprint
Any brand names and product names mentioned in this book are subject to trademark, brand or patent protection and are trademarks or registered trademarks of their respective holders. The use of brand names, product names, common names, trade names, product descriptions etc. even without a particular marking in this work is in no way to be construed to mean that such names may be regarded as unrestricted in respect of trademark and brand protection legislation and could thus be used by anyone.

Cover image: www.ingimage.com

This book is a translation from the original published under ISBN 978-620-2-05584-0.

Publisher:
Sciencia Scripts
is a trademark of
Dodo Books Indian Ocean Ltd. and OmniScriptum S.R.L publishing group

120 High Road, East Finchley, London, N2 9ED, United Kingdom
Str. Armeneasca 28/1, office 1, Chisinau MD-2012, Republic of Moldova, Europe
Printed at: see last page
ISBN: 978-620-7-93083-8

Índice:

Capítulo 1	4
Capítulo 2	9
Capítulo 3	12
Capítulo 4	14
Capítulo 5	27

Prefácio

Os peixes são considerados um importante recurso aquático com valor económico. A construção de barragens, a sobrepesca, a pesca eléctrica, o envenenamento químico, a poluição da água e a introdução de espécies exóticas são os principais problemas que ameaçam os peixes nativos do Nepal. O estudo do desenvolvimento embrionário dos peixes continua a ser um campo intocado. Ainda estão por descobrir pormenores importantes sobre o desenvolvimento embrionário dos peixes. Espera-se que este livro estimule novos estudos para novos investigadores sobre o desenvolvimento embrionário dos peixes do Nepal. A descrição completa do *catla catla* pode ser conhecida a partir deste livro.

O objetivo deste livro é fornecer alguma informação aos novos investigadores. Os autores esperam que, ao fornecer esta informação, possam também ajudar na conservação de muitos peixes indígenas.

Sra. Jawan Tumbahangfe

Dr. Bharat Raj Subba

AGRADECIMENTOS

É com prazer que exprimo a nossa mais profunda gratidão ao Dr. Damodhar Thapa Chhetri, Chefe do Departamento de Zoologia, e ao Chefe do Campus, Sr. Manoj Kumar Raut P.G. Campus, Biratnagar, pela disponibilização de instalações laboratoriais, sugestões e encorajamento regular.

Os nossos agradecimentos especiais vão para a University Grants Commission (UGC) Nepal, pelo apoio financeiro.

Gostaríamos de agradecer ao Sr. Shiva Narayan Mehata, oficial técnico, e ao Sr. Yuktilal Mukhiya, técnico de reprodução, da Tarahara Fish Farm Sunsari por nos permitir realizar este trabalho no seu departamento de incubação.

Ficamos extremamente gratos ao nosso colega e amigo pela sua boa cooperação, boas sugestões e ajuda para completar este trabalho.

Estamos extremamente gratos a todo o pessoal docente e não docente do Departamento de Botânica e do Departamento de Zoologia pelas boas sugestões, ajuda e disponibilização de instalações laboratoriais durante o período de investigação.

Sra. Jawan Tumbahangfe

Dr. Bharat Raj Subba

Capítulo 1

1. INTRODUÇÃO

1.1. Antecedentes

O Nepal, situado ao longo da encosta sul dos Himalaias, é um país fascinante sem litoral. Situa-se entre a Índia (sul, leste e oeste) e o Tibete (norte). A sua posição geográfica situa-se entre 26^0 22'N e 30^0 27'N e a longitude 80^0 4' E e 88^0 12'E. Tem uma superfície de 1 47 181 quilómetros quadrados. O Nepal é o segundo maior país em recursos de água doce, a seguir ao Brasil. Cerca de 5,05% da área total é coberta por rios, lagos, lagoas e reservatórios. Existem 6000 rios e riachos, com um comprimento total de 45000 km (CBS, 1989). A região é drenada por numerosos rios que, consoante as suas fontes e descargas, podem ser classificados em três tipos: rios grandes, médios e pequenos. Existem três sistemas fluviais principais: Koshi, Gandaki e Karnali. Os afluentes destes rios são perenes ou sazonais. Todos eles proporcionam um bom habitat de água doce para os peixes no Nepal.

Os peixes são belos vertebrados aquáticos que desempenham um papel importante no ecossistema aquático. Os peixes são considerados um recurso aquático importante que tem valores económicos como a alimentação, a medicina, o ensino, a estética e também são utilizados para jogos. O represamento anormal dos rios, a sobrepesca, a pesca eléctrica, o envenenamento químico, a poluição da água e a introdução de espécies de peixes exóticos estão a tornar-se problemas importantes que ameaçam os peixes nativos (Edds, 1986). De acordo com Shrestha (2008), existem 232 espécies de peixes nos recursos hídricos do Nepal. Entre elas, 217 são indígenas e 15 exóticas (Shrestha, 2008).

1.2. Descrição geral da *Catla catla*

(Classificação de acordo com Berg, 1947)

- Reino-Animalia
  - Filo - Chordata
    - Subfilo - Craniata
      - Super classe - Gnathostomata
        - Série- Peixes
          - Classe - Actinoptergii.
            - Ordem-Cypriniformes
              - Divisão- Cyprini
                - Subordem - Cyprinodae
                  - Família-Cyprinidae

Subfamília - Cyprinini

Género - *Catla*

Espécie - *catla* (F. Hamilton, 1822)

Nome comum - Bhakur

Placa-1, Fotografia de *Catla catla*.

1.3. Descrição

A Catla catla é também designada por *Cyprinus catla, Glibelion catla e* é vulgarmente designada por Bhakur ou carpa maior indiana. É um membro da família Cprinidae. É um peixe grande, prateado, com cabeça maciça, lábios grossos e escamas muito grandes. Tem uma boca larga e virada para cima, com maxilares inferiores salientes. Apenas uma espécie de *Catla* está presente na água doce do Nepal. Trata-se de um peixe importante para a alimentação. Tem escamas cinzentas escuras no dorso, prateadas nos lados e no abdómen e escamas, exceto as do ventre, cor-de-rosa ou acobreadas. Esta espécie vive e reproduz-se nos grandes rios do Tarai. Pode ser cultivada em lagos e reservatórios. A Bhakur é uma carpa não predadora e a sua alimentação limita-se às águas superficiais e intermédias. Estas características facilitam a introdução da *Catla* com outras carpas grandes compatíveis que se alimentam no fundo e na coluna, como a Mrigal e a Rohu. Muitos híbridos foram produzidos artificialmente através de cruzamentos com rhou. Em condições de cultura, foram colhidas cerca de dez toneladas por hectare e por ano em explorações experimentais. Sendo um peixe comercialmente importante, este peixe tem sido propagado em lagos e reservatórios do Tarai Nepal. Os juvenis de *Catla* são resistentes e podem suportar transportes de longa distância. É também um peixe apreciado pelos pescadores. Luta bem. Um anzol iscado com inhame, abóbora e ervas verdes atrai facilmente este peixe. As barbatanas são muito mais escuras do que o corpo. Pode atingir 70 kg de peso e medir 150 cm. O Bhakur atinge a maturidade no segundo ano, efectuando uma migração de desova durante a estação das monções em direção aos troços superiores dos rios, onde os machos e as fêmeas se reúnem e se reproduzem em zonas marginais pouco profundas. A época de desova é a monção, que decorre entre maio e agosto. Uma vez que o ambiente ribeirinho é necessário, a reprodução natural não ocorre nos tanques, embora a espécie atinja a maturidade, pelo que é necessária uma indução hormonal. A reprodução pode ser induzida artificialmente com injeção de hormonas hipofisárias e ovaprim. Alimenta-se de algas e de plantas superiores. É um bom desportista de linha. Nos rios Koshi, Narayani, Karnali e Mahakali, o Bhakur pesca praticamente todo o ano.

Fórmula D 18-19 (3/15-16); P 19: V 9; A 8 (3/5); C 19; L1 43; L. tr. 7 1/2 /61/2; TL= 65-120.

1.4. Distribuição

É comummente encontrada em rios e lagos de água doce do Nepal, Índia, Tailândia, Laos, Camboja, Myanmar, Bangladesh e Paquistão. Bhakur é uma espécie euritérmica que cresce melhor a uma temperatura da água entre 25-32^{0} C.

Durante os últimos anos, a população natural de peixes de água doce tem vindo a diminuir rapidamente devido a várias causas naturais e provocadas pelo homem. Além disso, os peixes estão também ameaçados devido à secagem das zonas baixas, à utilização indiscriminada de fertilizantes e à construção húmida.

A sua taxa de crescimento mais elevada e a sua compatibilidade com outras carpas importantes, o seu hábito alimentar específico à superfície e a preferência dos consumidores aumentaram a sua popularidade no sistema de policultura de carpas. Atualmente, a Bhakur é uma espécie componente integral tanto da policultura de três espécies com o Rohu (*Labeo rohita*) e o Mrigal (*Cirrhinus mrigal*) como da policultura de seis espécies, incluindo a carpa comum (*Cyprinus carpio*), a carpa herbívora (*Ctenopharyngodon idella*) e a carpa prateada (*Hypothelmithic molitrix*).

Em condições normais, o Bhakur atinge 1-1,2 kg no primeiro ano, em comparação com os 700-800 g do Rohu e do Mrigal, respetivamente. Assim, este peixe é muito importante do ponto de vista comercial e para conhecer o desenvolvimento embrionário. No entanto, o desenvolvimento embrionário e dos ovos da carpa maior indiana (Rohu, Mrigal e Bhakur) foi apenas brevemente descrito (Kunal K., 2011) e a série de estádios de desenvolvimento da Bhakur permanece incompleta. O objetivo do presente estudo foi, pois, apresentar uma descrição pormenorizada do desenvolvimento da Bhakur.

O desenvolvimento embrionário é a série de mudanças que um embrião sofre à medida que cresce em direção a um organismo maduro. Os estudos embrionários apoiam o desenvolvimento filogenético, apresentando provas de apoio para determinar a forma ancestral de um organismo. Por exemplo, descreve o desenvolvimento evolutivo explicando muitas questões como a fenda branquial nos vertebrados inferiores, os peixes, que se observa em quase todos os embriões de mamíferos nas primeiras fases de desenvolvimento. Assim, é necessário realizar um estudo adequado para caraterizar as suas várias fases de desenvolvimento embrionário e larvar para compreender o relógio biológico e as técnicas culturais destas espécies (Rahman et al, 2009). Além disso, este período da vida do peixe é também utilizado em vários estudos experimentais, especialmente em aquacultura, bem como em estudos toxicológicos (Rahman et al, 2009)

A vida começa com a unificação dos gâmetas masculino e feminino. Assim que o óvulo é fertilizado por um espermatozoide, forma-se o zigoto e inicia-se o desenvolvimento embrionário que termina com a eclosão. A eclosão sofre ainda uma organogénese e aparece como os seus pais, terminando assim a fase larvar.

A organogénese é o processo pelo qual a ectoderme, a endoderme e a mesoderme se desenvolvem nos órgãos internos do organismo. O ectoderma produz tecidos, como os pulmões, a tiroide e o pâncreas. O mesoderma ajuda na produção de músculo cardíaco, músculo esquelético, tecido muscular liso nos rins e glóbulos vermelhos. A ectoderme produz tecidos na epiderme e ajuda na formação de neurónios no cérebro e de melanócitos. Os estudos do desenvolvimento embrionário e do desenvolvimento larvar, para além de fornecerem informações interessantes em si mesmos, são imperativos e consequentes para o êxito da criação de larvas para produção em grande escala.

1.5. Descrição da zona de estudo

O presente trabalho foi realizado no viveiro de peixes da Estação Regional de Investigação Agrícola, Tarahara. Foi estabelecida em 1972 D.C. Cobre uma área de 18 hectares, dos quais 10 hectares são de água. Situa-se a 77 m de altitude, a 26^0 42' 18" N e 77^0 16' 31 "E.

Nesta estação de investigação, são cultivadas diferentes espécies de peixes de água quente. São produzidas e distribuídas aos agricultores batatas fritas de carpa indiana (Rohu, Naini e Bhakur), carpa chinesa (carpa prateada, cabeçuda e herbívora), carpa alemã/israelita (carpa comum), tilápia, *Puntius*, etc. Diferentes peixes como Sahar, Chitel (Bhunna), camarão Pangas, Sauara, Magur local, Tilápia, Singhi, Bata, Buhari etc. estão a ser investigados nesta estação de investigação. Os principais recursos hídricos desta piscicultura são a água de barcos e de riachos. A temperatura varia entre 10^0 C e 35^0 C no inverno e no verão respetivamente.

1.6. Objectivos

1.6.1. Objectivos gerais

Estudar os aspectos morfológicos e histológicos do desenvolvimento embrionário de *Catla catla.*

1.6.2. Objectivos específicos

-Estudar o desenvolvimento morfo-embriológico.

-Estudar o desenvolvimento histo-embriológico.

1.7. Justificação do estudo

A literatura relativa ao desenvolvimento embrionário de Bhakur é escassa no Nepal. Os resultados do presente trabalho acrescentarão novas informações ao conhecimento existente no contexto do desenvolvimento embrionário dos peixes no Nepal, o que é crucial para fins de reprodução. O estudo do desenvolvimento embrionário de *Catla catla* será útil para o desenvolvimento de espécies indígenas de peixes economicamente importantes. Ajudará os ictiólogos nepaleses a trabalhar em domínios semelhantes.

1.8. Limitações do estudo

Enquanto estudante de investigação, muitos factores limitam o estudo pormenorizado do tema proposto.

Faltaram ferramentas e equipamentos avançados durante a investigação, o fornecimento irregular de eletricidade e a falta de um laboratório bem equipado.

Capítulo 2

2. REVISÃO DA LITERATURA

Já no século XVIII (th) se pensava que o óvulo ou o espermatozoide continham um embrião, ou seja, uma criança em miniatura. Pensava-se que o desenvolvimento era simplesmente o aumento do embrião. A teoria concorrente do desenvolvimento embrionário era a epigénese, originalmente proposta 2000 anos antes de Aristóteles. De acordo com esta ideia, a forma de um animal emerge gradualmente de um ovo relativamente informe. A biologia moderna há muito que descartou estas ideias e os biólogos do desenvolvimento estão agora a começar a responder a muitas questões sobre como um único ovo fertilizado dá origem a um animal específico.

O desenvolvimento embrionário e dos ovos da carpa maior indiana (IMC) foi brevemente descrito (Kunal, 2011), mas a série de estádios de desenvolvimento permanece incompleta. Rath.et.al (2002) publicaram um artigo sobre a mortalidade embrionária da carpa maior indiana em alguns sistemas de incubação ecológica. A sua investigação revela que a mortalidade se deve a vários factores. Chakraborty et.al (1972) registaram o estádio de desenvolvimento embrionário básico da carpa maior indiana de raça induzida. Nayak et.al (2002) estudaram o efeito do tratamento dos ovos com tiroxina e cortisol na morfometria e na sobrevivência das larvas da carpa de água doce, *Catla catla* (Ham). A história de vida das principais carpas indianas, *Cirrhinas mrigal* (Ham.), *Catla catla* (Ham.) e *Labeo rohita* (Ham.) foi bem documentada (Chakraborty e Murty 1972). Aluko (1999) forneceu informações sobre algumas observações relativas aos embriões em desenvolvimento de um teleósteo *Catla catla* (Hamilton), mas faltam informações pormenorizadas.

A vida começa com a unificação dos gâmetas masculino e feminino. Assim que o óvulo é fertilizado por um espermatozoide, forma-se o zigoto e inicia-se o desenvolvimento embrionário, que termina com a eclosão. Uma descrição completa do desenvolvimento embrionário do peixe-zebra, *Danio rerio*, foi apresentada na edição 3rd do livro sobre o peixe-zebra (Westerfield, 1995). Além disso, o desenvolvimento dos somitos, da visão e do sistema imunitário do peixe-zebra foi também objeto de um estudo aprofundado (Easter e Nicola, 1996; Stickney et al., 2000; Lam et al., 2004). Wu et al (2001) forneceram uma análise quantitativa dos movimentos activos do embrião de pinto e das contracções do âmnio durante um período de desenvolvimento de 21 dias. O estudo indicou não só o estabelecimento da interação neuromuscular. No contexto do desenvolvimento dos mamíferos, a maior parte dos mamíferos são vivíparos e, por conseguinte, o desenvolvimento embrionário depende de factores reguladores produzidos por factores maternos, embrionários e extra-embrionários (Seyoum et al.,

1999). No entanto, nos animais ovíparos, os factores reguladores contidos no ovo desempenham um papel fundamental no desenvolvimento do embrião. No decurso do desenvolvimento embrionário, qualquer desvio do espetro normal do comportamento das células irá, por um lado, gerar dismorfogénese e, por outro, ter um significado evolutivo (Wessels, 1982).

Foi apresentado um relato muito bom sobre o desenvolvimento embrionário e larvar de S. Temoleh, *Probarbus jullieni* (Sauvage), ameaçado de extinção (Zakaria, 2013). (Milos e Dingle, 1978) documentaram a dinâmica da formação de pigmentos no peixe-zebra, *Branchydanio rerio*. I. Estabelecimento e regulação da faixa de melanóforos da linha lateral durante os primeiros oito dias de desenvolvimento. (Trinkaus, 1984) descreve o mecanismo da epibolia *de Fundulus* - uma visão atual. (Trinkaus, 1992) descreve a transição midblastula, a transição YSL e o início da gastrulação em *Fundulus*. (Wood e Timmermans, 1988) apresentaram uma excelente descrição da epibolia dos teleósteos: reavaliação do movimento profundo das células no anel germinativo. (Stainieretal.1993) estudou o desenvolvimento cardiovascular no peixe-zebra. I. Mapa do destino do miocárdio e formação do tubo cardíaco. (Strehlow et al. 1993) publicou um mapa de destino para as primeiras clivagens do peixe-zebra. (Anon, 1966) apresentou uma investigação sobre a desova de peixes e a prospeção de desovas em Uttar Pradesh.

Ahmad (1948) desenvolveu métodos de recolha e incubação de carpas em Chittagong West Bengal. Hora (1945) fez uma análise dos factores que influenciam a desova das principais carpas. Patra e Azadi (1985) estudaram as condições hidrobiológicas que influenciam a desova das principais carpas no rio Halda do Bangladesh. Sinha et al. (1974) analisaram a desova das principais carpas. Shreshtha (1986) estudou a ecologia da desova e o comportamento do Mahseer, *Tor puitora*. Ballard (1973) explica os movimentos morfogenéticos em *Salmo gairdneria*. Bernahardt et.al (1990) apresentaram uma descrição clara da identificação dos neurónios da coluna vertebral no peixe-zebra embrionário e larvar. Betchaku e Trinkaus (1978) estudaram as relações de contacto, a atividade superficial e os microfilamentos corticais das células marginais da camada envolvente das camadas sincicial e citoplasmática da gema do *Fundulus* antes e durante a epibolia.

Thakur (1980) forneceu notas sobre o desenvolvimento embrionário e larvar de um peixe-gato respirador de ar *Clarias batrachus* (Lin.). O desenvolvimento embrionário e larvar de *H. fossilis* (Bloch) foi publicado (Thakur et al. 1974). Burton (1979) contribuiu para a biologia e desenvolvimento de *Clarias gariepinus* na África do Sul. Foi feito um estudo sobre o padrão de comportamento celular subjacente à somatogénese e à formação da notocorda em embriões vertebrados intactos (Wood e Thorogood, 1994). Timmermans e Taverne (1989) descreveram brevemente o desenvolvimento inicial do embrião de barbatana rosada. Thorogood e Wood (1987) trabalharam numa análise do movimento celular in vivo utilizando um sistema de tecido transparente. Faruk et al. (2011) trabalharam no desenvolvimento embrionário e larvar de peixes de água doce. Kelsh et al. (1996) descreveram a mutação de pigmentação e o processo de desenvolvimento da crista neural no peixe-zebra. Foram observadas as fases de desenvolvimento embrionário do peixe-zebra (Kimmel et al. 1995). Bhattacharya (2006) trabalhou sobre o desenvolvimento embrionário do barbo rosado *Puntius conchonius*. Mookerjee (1945) contribuiu para a história de vida de algumas das principais carpas de Bengala. Foi observado o desenvolvimento embrionário do barbo rosado (Bhattacharya et al. 2005). Shrestha (1993) estudou a cronologia do desenvolvimento inicial e a história de vida do Mahaseer dourado no ambiente de cascalho das águas dos Himalaias do Nepal.

Capítulo 3

3. MATERIAIS E MÉTODOS

Para o estudo do desenvolvimento embrionário de *Catla catla* não existem instalações no departamento de zoologia do Campus de Pós-Graduação, Biratnagar. Em busca de uma exploração piscícola governamental bem equipada, Tarahara foi considerada uma exploração adequada para atingir o objetivo. Durante o inquérito piloto, a exploração foi visitada e registada a época de reprodução da *Catla catla*. A observação do tanque de estocagem, do tanque de criação e do incubatório foi feita uma a uma. Para além da disponibilidade de criação, foram anotadas outras instalações necessárias durante a recolha de ovos fertilizados, microscópio para tirar fotografias. Depois disso, foi feito um contacto com a secção de pescas para um planeamento mais aprofundado. Mantive-me em contacto com o perito da secção de criação de peixes e fixei uma data para iniciar todo o trabalho de rotina, desde a seleção das crias até à estimativa da hormona a administrar às fêmeas e aos machos.

3.1. Seleção da ninhada

A experiência foi realizada durante a época de reprodução natural de Bhakur, de maio de 2013 a abril de 2014, na incubadora da Estação Regional de Investigação Agrícola, Tarahara, e no laboratório do Campus de Pós-Graduação de Biratnagar, no âmbito do Departamento de Zoologia. Os peixes reprodutores foram recolhidos dos tanques de reprodução e transferidos para o tanque da incubadora.

3.2. Fertilização do ovo e fase de incubação

Duas fêmeas e quatro machos com um peso corporal de 3-5 kg foram utilizados para a reprodução induzida. A hormona Ovaprim foi utilizada para a reprodução induzida. Foram administradas doses de 0,5 ml/kg e 0,25 ml/kg de hormona às fêmeas e aos machos, respetivamente. Após 6 horas de injeção da hormona, os peixes reprodutores mostraram um comportamento de corte simples e depois a postura e a fertilização dos ovos tiveram lugar simultaneamente. Os ovos fertilizados foram transferidos para o tanque de incubação circular através de um sistema de interconexão.

3.3. Observação e análise de imagens

Com a ajuda de uma observação atenta da corte e da época de desova, foram cuidadosamente recolhidas amostras de ovos fertilizados dos tanques de desova e de incubação, utilizando um conta-gotas numa placa de Petri, juntamente com água. As fases de desenvolvimento da *Catla catla* foram observadas ao microscópio estereoscópico (Nikon Eclipse E400) e depois fotografadas de 10 em 10 minutos até à eclosão. Para os estudos histológicos, os embriões foram fixados em líquido de Bouin recentemente preparado à temperatura ambiente durante 10 a 12 horas (foram efectuadas duas mudanças de líquido de Bouin recentemente preparado com um intervalo de 5 a 6 horas) e, em seguida, as amostras foram lavadas em água corrente para remover a coloração com ácido pícrico. O córion foi removido manualmente e depois desidratado em série alcoólica; os embriões nus foram embebidos em parafina e seccionados a 7 mm com micrótomo. As secções foram duplamente coradas com hematoxilina e eosina, montadas em DPX e observadas e fotografadas num microscópio Olympus C35DX.

3.4. Medição do óvulo fertilizado

Cada amostra foi observada desde o momento da recolha e registadas as fases de desenvolvimento. Os estádios de desenvolvimento foram estudados continuamente até o embrião iniciar o movimento de torção e a eclosão dos ovos fertilizados estar concluída dentro de 13 horas. Os diâmetros dos ovos foram medidos com um oculómetro fixado num microscópio ocular. Foram utilizados cinco a dez exemplares para descrever cada fase. Toda a experiência da fase embrionária e larvar foi examinada à temperatura ambiente da água (29-31^0 c)

Capítulo 4

4. RESULTADOS

4.1. Desenvolvimento morfo-embriológico

Seis horas após a injeção da hormona ovaprim, foram observados comportamentos simples de cortejamento dos peixes. Durante o cortejo, uma fêmea estava a ser perseguida por dois machos. Este evento foi logo seguido pela postura de ovos e libertação de esperma pelas fêmeas e machos, respetivamente.

As fases de desenvolvimento foram agrupadas em blocos de tempo maiores designados por períodos, ou seja, período de zigoto, período de clivagem, período de blástula, período de gástrula e período de segmentação. (Tabela 1). Os principais eventos durante este período estão resumidos no texto. As placas 1,2,3,4 e 5 mostram as fotografias de todas as fases de desenvolvimento.

Quadro 1: Período de desenvolvimento inicial dos embriões de Bhakur

Período	Hr	Descrição
Zigoto	0	O citoplasma flui em direção ao pólo animal para formar o blastodisco.
Clivagem	-	Os blastómeros ficam dispostos em mais do que uma fila.
Blastula	2	A divisão celular transita da sincronia para a assincronia na transição entre a blástula e o meio; forma-se a camada sincicial da gema e inicia-se a epibolia.
Gástrula	4 ½	Ocorre a involução, a convergência e a extensão, formando as camadas germinativas primárias e o eixo embrionário.

Segmentação	7	Os somitos desenvolvem-se e ocorre a organogénese, formação da cauda.
Larva (incubação)	13	A eclosão ocorre.

Período do zigoto (0 horas)

O ovo recentemente fertilizado é o zigoto. Esta fase dura cerca de 35 minutos após a fertilização (Plate-2A).

Fase de 1 célula (0 h)

O córion incha e afasta-se do ovo recentemente fertilizado. O ovo completamente inchado tem 4-5 mm de diâmetro. A fecundação também ativa os movimentos citoplasmáticos e separa o citoplasma não vitelino em direção ao pólo animal e o citoplasma vegetal rico em grânulos vitelinos (Placa-2B).

Período de clivagem (-2 horas)

Após a primeira clivagem, a célula ou os blastómeros sofrem uma divisão. A divisão citoplasmática é meroblástica, ou seja, incompleta. À medida que a clivagem continua, os blastómeros resultantes tornam-se gradualmente mais pequenos.

Fase de 2 células (- hr)

O primeiro sulco de clivagem é orientado verticalmente. Surge perto do pólo vegetal e progride rapidamente em direção ao pólo animal, passando pelo blastodisco e não pela região vitelina do ovo. Os dois blastômeros formados são do mesmo tamanho e parecem não se distinguir um do outro (Placa 2C).

Fase de 4 células (-hr)

O segundo plano de clivagem é vertical e em ângulo reto em relação ao primeiro, produzindo quatro blastómeros dispostos em duas filas de duas células (Placa-2D).

Fase de 8 células (1 - hr)

A terceira clivagem ocorre ao longo de dois planos, paralelos ao primeiro, formando oito blastómeros dispostos em duas filas de quatro células (Placa-2E).

Placa-2

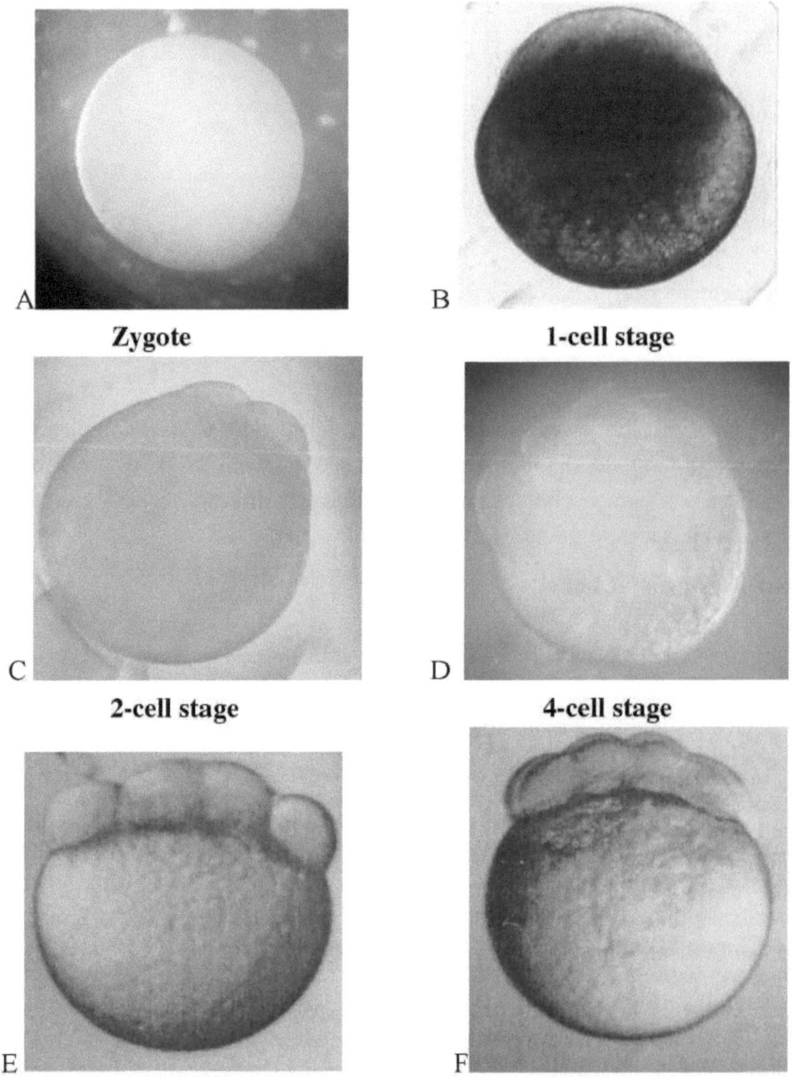

Fotografias de embriões durante os períodos de zigoto e de clivagem. (A) O zigoto, alguns minutos após a fertilização. (B) O zigoto com o córion levantado 10 minutos após a fertilização, (C) estágio de 2 células, (D) estágio de 4 células, (E) estágio de 8 células, (F) estágio de 16 células.

Fase de 16 células (1 - hr)

A quarta clivagem também ocorre ao longo dos dois planos, paralelamente e de cada lado da segunda, dando origem a 16 blastómeros dispostos em quatro filas de quatro células (placa 2F).

32 células de satélite (1 - hr)

A quinta clivagem é uma divisão vertical, paralela ao primeiro plano de clivagem. Os 32 blastómeros resultantes estão dispostos em quatro camadas de oito células (placa-3A).

Fase de 64 células (1 - hr)

A sexta clivagem é a primeira divisão horizontal. Começa num dos lados do blastodisco e estende-se para o outro lado, dando origem a duas camadas de 32 blastómeros, com uma fila situada em cima da outra (placa-3B).

Período de blástula (2-4 - hr)

Quando o blastodisco se assemelha a uma bola, no estádio de 128 células, até ao início da gastrulação, refere-se à blástula. Os processos importantes que ocorrem durante este período são a transição da blástula para o meio, a formação da camada sincicial da gema e a epibolia. A epibolia continua também no período de gastrulação.

No início, as células da blástula continuam de forma síncrona e com o mesmo ritmo que antes. No entanto, os blastómeros começam a dividir-se de forma assíncrona porque as células dos embriões de 512 células encontram-se em fases diferentes do ciclo celular. Este fenómeno é designado por transição da blástula média (MBT).

Durante a MBT, a célula marginal do blastodisco sofre um colapso, libertando o seu citoplasma e núcleos para a célula vitelina. Assim, surge a camada sincicial da gema (YSL) à volta do bordo do blastodisco.

No final da blástula, inicia-se a epibolia, que se refere ao adelgaçamento e espalhamento da célula vitelina. A célula vitelina é completamente engolida no período final da gástrula.

Fase de 128 células (2 horas)

Os blastómeros na blástula de 128 células estão dispostos como um monte alto de células, uma meia bola sólida pousada na célula vitelina (Placa-3C).

256-célula-estágio (2 - hr)

As células envolventes diluem-se consideravelmente durante esta fase (Plate-3D).

Fase de 512 células (2 horas)

No início da MBT, os blstómeros que revestem a célula vitelina começam a perder o seu bordo inferior onde se juntam à célula vitelina (Plate3E).

Fase de célula 1K (2 % hr)

Cerca de 11 camadas de células situadas no blastodisco são produzidas durante a décima clivagem. Na camada sincicial observa-se normalmente um único anel de múltiplos núcleos (Placa-3F).

Fase de blástula alta (3 horas)

O achatamento do blastoderma começa nesta fase, terminando o período durante o qual o blastodisco se encontra no alto da célula vitelina. Mais de onze camadas de células são visíveis entre a margem e o pólo animal a partir da vista lateral (placa-4A).

Fase oblonga (3 - hr)

O eixo animal-vegetal do embrião torna-se curto, com o blastodisco a comprimir-se sobre a célula vitelina. Eventualmente, a blástula adquire uma forma elipsoidal suavemente delineada. As células vitelinas espalham-se profundamente sob o blastodisco e afastam-se dele.

Forma esférica (3 horas)

O encurtamento contínuo ao longo do eixo animal-vegetal gera uma blástula tardia de forma lisa e quase esférica. A forma geral permanece inalterada durante as horas seguintes até ao período de gastrulação (placa 4B).

Placa-3

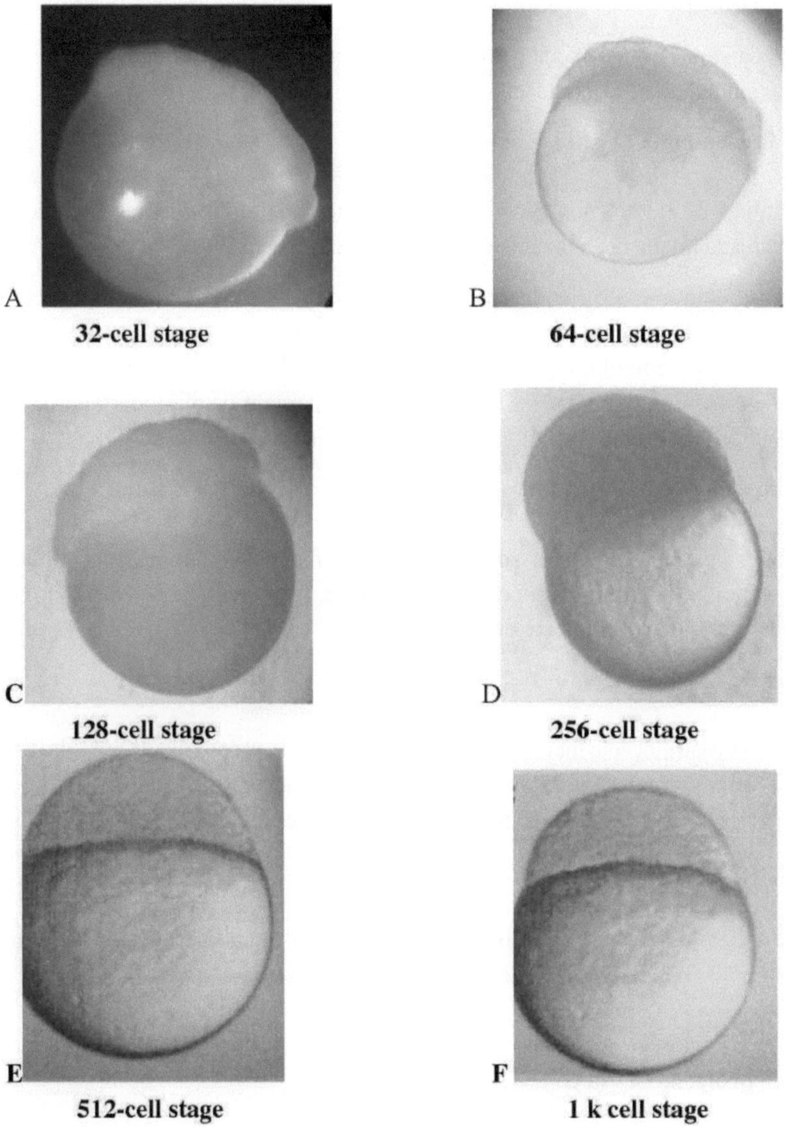

Fotografias de embriões durante a clivagem e o perido da blástula. (A) Fase de 32 células, (B) Fase de 64 células, (C) Fase de 128 células, (D) Fase de 256 células, (E) Fase de 512 células,(F) Fase de 1 K células

Fase de cúpula (3 horas)

A camada sincicial interna da gema (I YSL) começa a formar uma cúpula em direção ao pólo animal, e a epibolia está a começar.

30 % fase epibolia (4 - hr)

A epibolia, que inclui a domificação da célula vitelina, produz um blastoderma de uma monocamada altamente achatada e de espessura uniforme.

A extensão em que o blastoderma se espalhou através da célula vitelina fornece um marcador extremamente útil a partir deste estágio até o término da epibolia. A percentagem de epibolia é geralmente a fração da célula vitelina que o blastoderma cobre. Assim, a epibolia de 30 % significa que a margem da blastoderme está a 30 % de toda a distância entre os pólos animal e vegetal (Placa-4C).

Período de gástrula (4 -7 horas)

A epibolia continua e, além disso, o rearranjo morfogenético das células de involução, convergência e extensão ocorre durante a epibolia, resultando na formação da camada germinativa primária e do eixo embrionário.

50% epibolia (4 horas)

O início da gastrulação é marcado pela epibolia de 50%. A epibolia de 50% da distância entre o eixo animal e o vegetal é coberta pela margem da blastoderme. A borda marginal da blastoderme ainda não está nitidamente espessada (Plate-4D).

Anel germinativo (4 - hr)

O anel espessado na margem do blastoderma forma o anel germinativo. A partir da vista do pólo animal, o anel pode ser facilmente visto (Placa-4E).

Fase de proteção (4 - hr)

Uma vista lateral revela um espessamento distinto da borda do blastoderma. Até o estágio de escudo tardio, a epibolia permanece em 50% (Placa-4F).

Placa-4

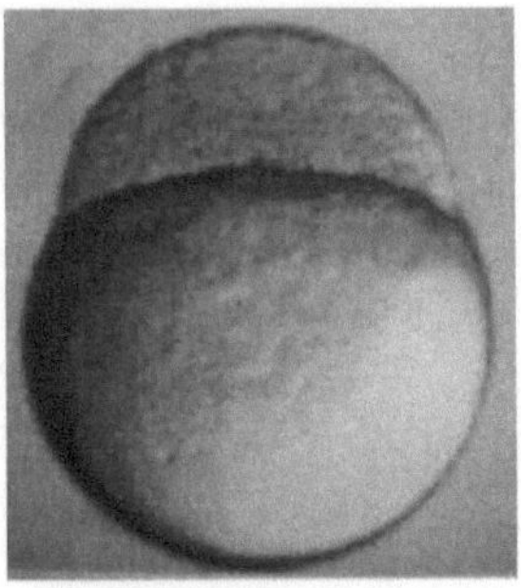

A High shield stage

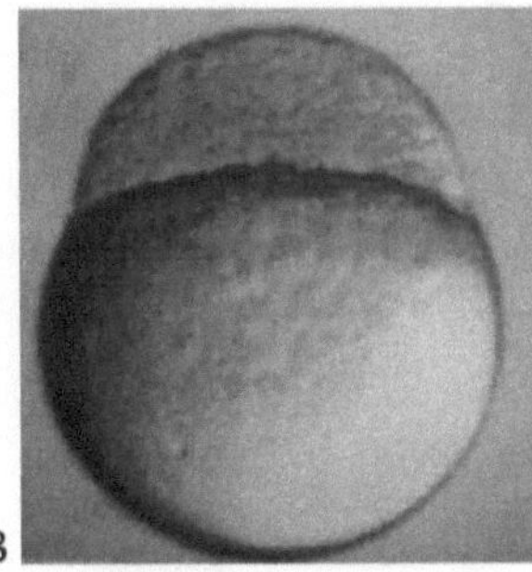

B Sphere stage

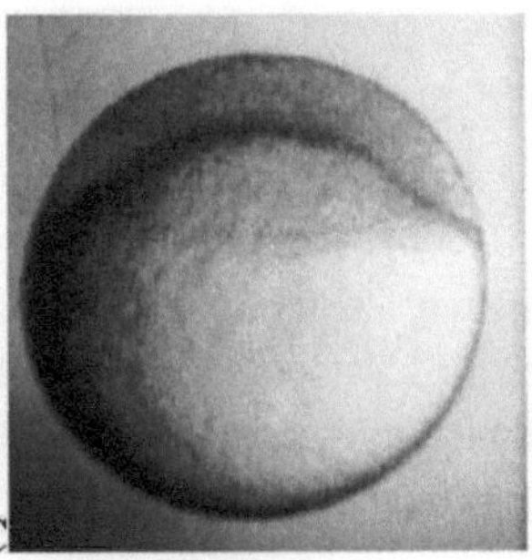

C 30 % epiboly

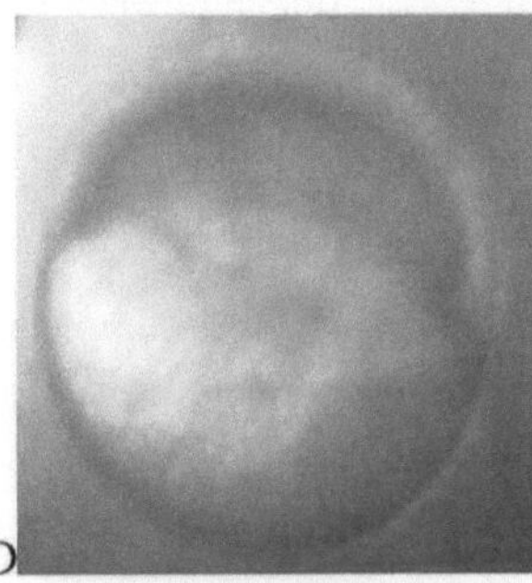

D 50% epiboly

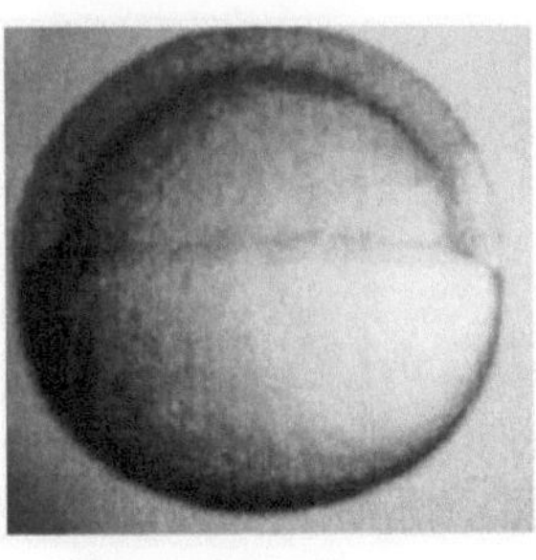

E Germ ring stage

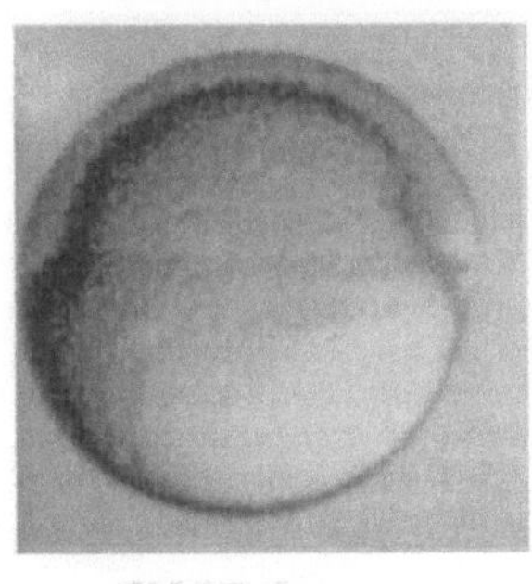

F Shield stage

Fotografias de embriões durante a fase de blástula e gástrula. (A) Fase alta (B) Fase de esfera, (C) 30% epibolia, (D) 50% epibolia, (E) Fase de anel germinativo, (F) Fase de escudo.

75% epibolia $(5\frac{1}{3}$**hrs.**$)$

O embrião começa a alongar-se ao longo do eixo animal-vegetal. Em comparação com a fase de escudo, o escudo embrionário torna-se proeminente (placa 5A). Uma vista lateral mostra que a blastoderme é mais fina do que noutras partes do lado ventral, acima da margem, e torna-se mais visível à medida que a blastoderme cobre 80% do embrião (Placa-5B).

90% de epibolia $(5\frac{2}{3}$**hrs.**$)$

Como a blastoderme quase cobre a gema, o tampão vitelino pode ser visto saindo do pólo vegetal. O lado dorsal da blastoderme é muito mais espesso do que o lado ventral (placa 5C).

Fase do botão caudal $(6\frac{1}{2}$**hrs.**$)$

Quando o blastoderma cobre completamente o tampão vitelino, a epibolia se completa. Os movimentos de convergência e extensão espalharam o blastoderma através da célula vitelina mais rapidamente no lado dorsal do que no lado ventral, resultando no tampão vitelino mais próximo ligeiramente ventral ao pólo vegetal da célula vitelina (Placa-5D).

Período de segmentação (7-13 horas)

Neste período formam-se os somitos em sequências anteriores e posteriores, aparecem os rudimentos dos órgãos primários, o botão caudal torna-se mais proeminente e os embriões alongam-se durante este período.

Os somitos aparecem sequencialmente no tronco e na cauda. Os somitos anteriores desenvolvem-se primeiro e os posteriores por último.

Durante o período de segmentação, a endoderme torna-se gradualmente morfologicamente distinta e o ectoderma neural sofre uma extensa morfogénese. O ectoderma neural forma primeiro uma placa neural e, em seguida, a quilha neural, que finalmente se transforma no tubo neural.

Etapa 2-somites (7 horas)

A conclusão da epibolia foi imediatamente seguida pela formação dos primeiros somitos. No entanto, o estágio de um somito não é muito distinto, mas o estágio de dois somitos é facilmente observado. Após a formação completa do botão caudal, um sulco somático aparece no lado dorsal do mesoderma anterior. Este sulco faz a fronteira entre o primeiro e o segundo somitos (Placa-5E).

6-somites stage (7 - hrs.)

O primórdio ótico torna-se claramente visível durante a formação dos primeiros 6 somitos (a placa 5F) mostra a vista dorsal do embrião na fase de 6 somitos.

8- Fase de somite (7 horas)

O primórdio ótico mostra uma clara prega horizontal à medida que 8 somitos são formados no embrião (Plate-6A).

Etapa 12-somites (8 horas)

Uma estrutura transitória encontrada apenas no embrião de teleósteo é a vesícula de Kupffer, que se torna visível no estágio de 12 somitos. As quatro subdivisões do cérebro, o telencéfalo, o diencéfalo, o mesencéfalo e o rombencéfalo, podem ser distinguidas (placa 6B).

Fase 16-somites (8 horas)

Na região posterior da gema, aparece uma constrição caraterística, que rapidamente se torna mais proeminente e é espremida progressivamente mais para a frente, formando a bola vitelina na região anterior e o alongamento posterior mais fino e cilíndrico do saco vitelino, a extensão vitelina (Milos & Dingle, 1978). As contracções musculares foram frequentemente observadas no tronco do embrião nesta fase.

18-somitas (8 - hrs.)

O botão da cauda começa agora a sobressair da bola vitelina. A cauda começa a crescer rapidamente e pode observar-se uma contração proeminente da cauda (Placa 6C).

Etapa 20-somites (9 horas)

A extensão da gema aumenta de comprimento. Aparece o lenteplacode e o oticplacode se torna oco na oticvesícula. A contração da cauda torna-se mais frequente (placa 6D).

Etapa 30-somites (9 - hrs.)

O coração de duas câmaras é visto a bombear durante esta fase, e a circulação do sangue começa em todo o corpo (Plate-6E).

Larva eclodida (13 horas)

Os embriões eclodem normalmente às 13 horas após a fertilização. A larva era totalmente transparente, pois ainda não havia pigmentos formados (Placa 6F).

Placa-5

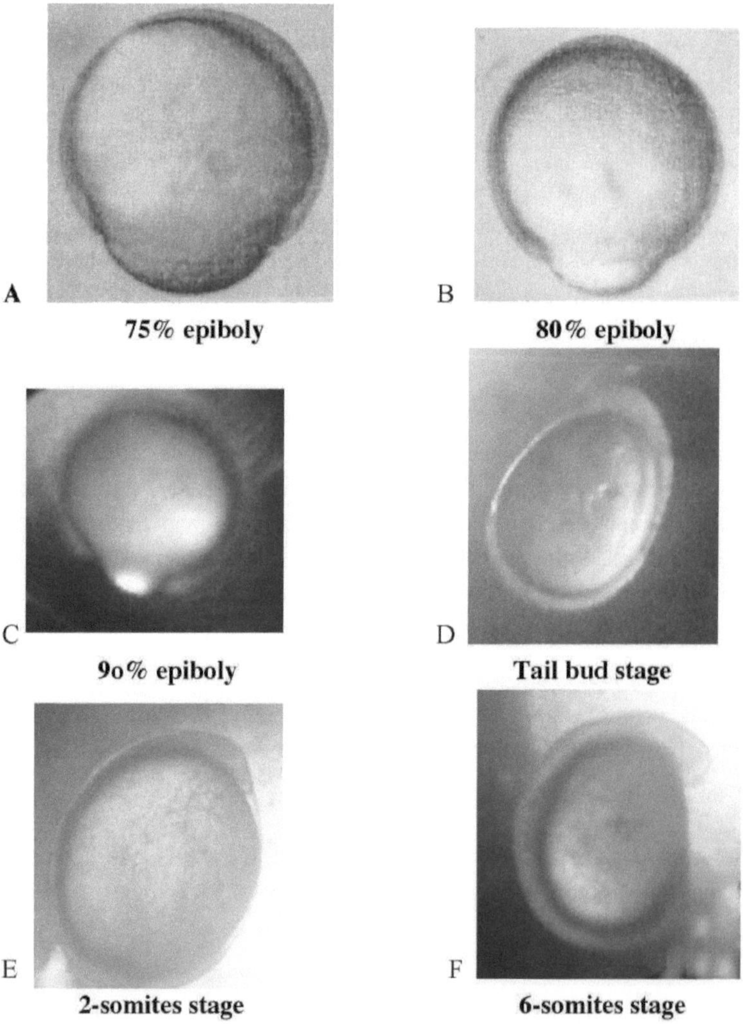

Fotografias de embriões durante a gástrula e o período de segmentação. (A) 75% epibolia, (B) 80% epibolia, (C) 90% epibolia, (D) fase de botão caudal, (E) fase de 2 somitos, (F) fase de 6 somitos.

Placa-6

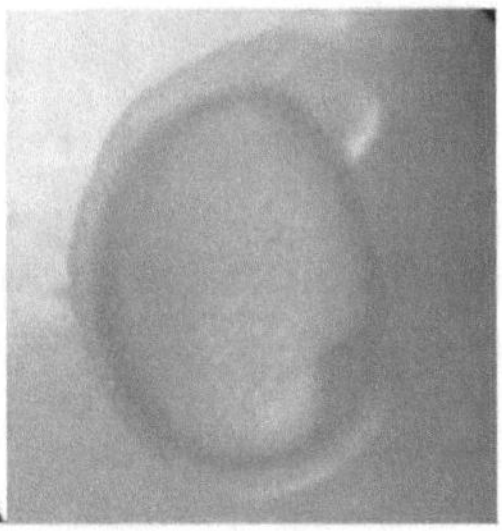

A

8-somites stages

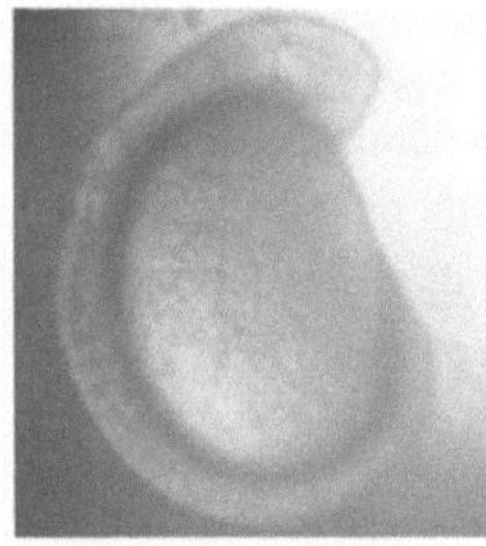

B

12-somites stage

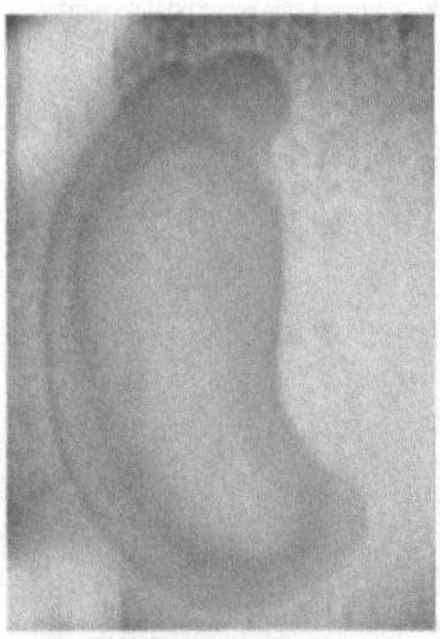

C

18-somite stage

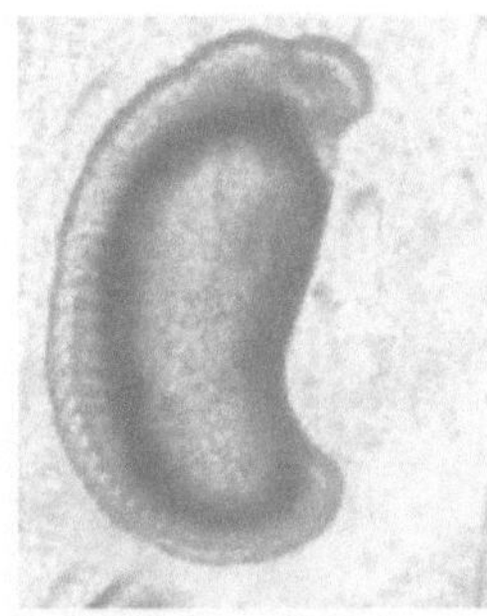

D

20- somites stage

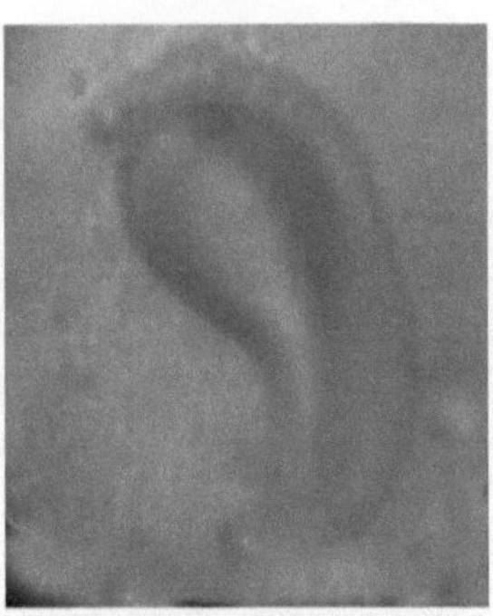

E

30 somites stage

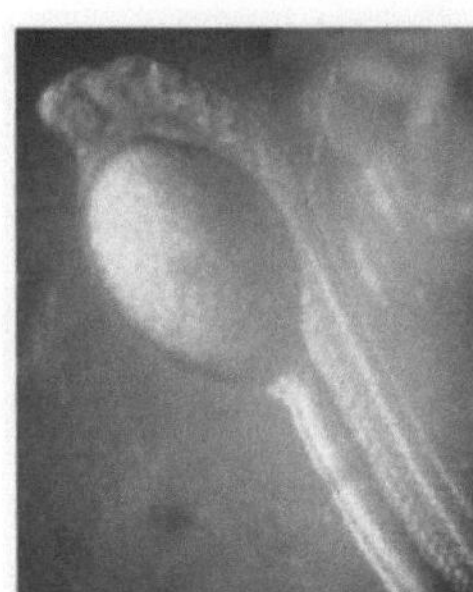

F

Hatched larva

Fotografias de embriões durante a segmentação. (A) Fase de 8 somitos, (B) Fase de 12 somitos, (C) Fase de 18 somitos, (D) Fase de 20 somitos, (E) Fase de 30 somitos, (F) Larva eclodida.

1.5. Desenvolvimento histo-embriológico

A secção histológica do estádio de 4 células mostra claramente a divisão do zigoto em quatro células (Placa-7A). A secção histológica da gastrulação revela um espessamento distinto da borda do blastoderma (Placa-7B). Na secção de fritura do saco vitelino, observa-se a formação da notocorda, o desenvolvimento dos somitos e do tubo neural (Plate-7 C&D).

Placa-7

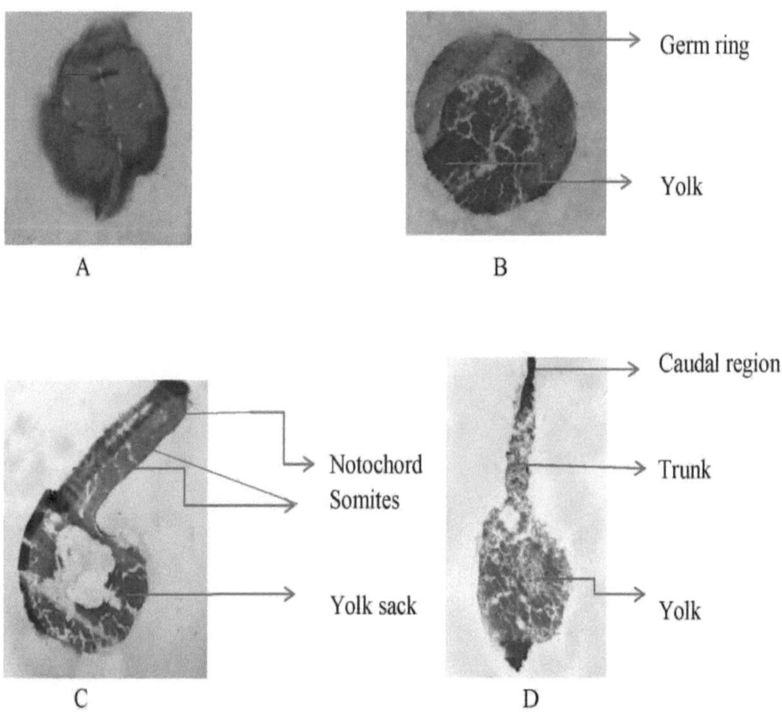

Placa-7. Micrografia de (A). Período de clivagem mostrando o estágio de quatro células do embrião (B). Gastrulação mostrando espessamento distinto da borda do blastoderma, (C e D) fritura do saco vitelino, formação de notocorda na região posterior do embrião.

Capítulo 5

5. DISCUSSÃO

O período embrionário foi contado a partir do momento em que os óvulos foram fertilizados pelo esperma e terminou até ao nascimento do embrião. A criação de Bhakur também é efectuada com sucesso no Nepal. No entanto, não há registo de um estudo do desenvolvimento embrionário do Bhakur no Nepal. A presente tentativa pretende ser o primeiro trabalho no Nepal sobre o desenvolvimento embrionário do Bhakur. Este estudo define um quadro pormenorizado do desenvolvimento normal do Bhakur, desde a fertilização até à pós-eclosão. Os ovos produzidos pelas fêmeas de Bhakur são esféricos, não flutuantes e não aderentes. O diâmetro dos ovos fertilizados e inchados de Bhakur foi relatado como sendo de 5,3-6,5 mm (Mookerjee, 1945) e 4,1 mm (Anon, 1966), mas no presente estudo o diâmetro do ovo completamente inchado foi de 4,5 mm.

O estágio de oito células do embrião de Bhakur foi encontrado em 1 hora e 29 minutos após a fertilização (Mookerjee, 1945), mas eu encontrei o estágio de 8 células em 1 hora e 5 minutos, ou seja, 24 minutos mais rápido que o de Mookerjee. 5 min, ou seja, 24 minutos mais rápido que o de Mookerjee. Mookerjee, (1945) descreve o estágio de 16 células em 1 hr. 45 min, mas eu observei após 1 h 20 min após a fertilização. O estágio de 32 células foi observado em 2 hs. 39 min (Mookerjee, 1945), mas eu observei após 1 hr. 35 min. O período de incubação de *Catla catla* é de cerca de 14-24 horas a uma temperatura de 23-33^0 C (Kunal, 2011), mas eu observei 13 horas a uma temperatura de 29-31^0 C. Estas diferenças podem dever-se às diferenças de tamanho das populações de reprodutores e à temperatura da água no momento da eclosão.

O desenvolvimento do Bhakur difere em vários aspectos do desenvolvimento do barbo rosado e do peixe-zebra. Por exemplo, a eclosão é de 13 horas após a fertilização quando cultivado a 30^0 C, o que é mais rápido do que os do barbo rosado (Bhattacharya, 2006) e do peixe-zebra (Kimmel et.al, 1995). A pigmentação não é visível em nenhuma região dos embriões de Bhakur até à eclosão, enquanto a pigmentação já ocorre nos embriões do peixe-zebra antes da eclosão (kelsh et.al.1996). O desenvolvimento de *Catla catla* é bastante semelhante ao de *Danio rerio* e *Puntius conchonius* em alguns aspectos, como a MBT, a neuralização, a formação de vesículas de Kupffer e a diferenciação da notocorda. A contração do tronco e da cauda ocorre inicialmente nos embriões de *Catla catla* nos estádios 16-somites e 18-somites, respetivamente. A contração muscular manifesta o estabelecimento da interação neuromuscular que parece ser estabelecida sequencialmente no tronco e na cauda, sendo a interação neuromuscular anterior desenvolvida mais cedo e a posterior ligeiramente mais tarde (Bhattacharya, 2006).

Em *P. jullieni*, a segunda clivagem (estágio de 4 células) ocorreu em 1 hr. 40 min, mas em *Catla catla* a segunda clivagem ocorreu em 50 min após a fertilização, o que foi muito mais rápido. A eclosão de *P. jullieni* foi observada às 24 horas após a fertilização (Zakaria, 2013), mas em *Catla catla,* observei que foi às 13 horas após a fertilização. Esta situação deveu-se às diferenças entre as espécies e à temperatura da água durante a eclosão.

CONCLUSÃO E RECOMENDAÇÕES

O desenvolvimento embrionário de Bhakur foi observado em 3 de maio de 2013 na Estação Regional de Investigação Agrícola, Tarahara, Sunsari. Com base nos resultados deste estudo, verificou-se que o período de incubação do Bhakur era de 13 horas a uma temperatura da água de 30+1oC.

A desova do Bhakur teve lugar seis horas após a injeção das hormonas ovaprim. O tempo do período de incubação depende da temperatura, do pH, de outros parâmetros da água e do estado dos ovos.

O presente trabalho gerou algumas informações importantes sobre a história de vida inicial e as fases de desenvolvimento do Bhakur no Nepal. Este estudo ajudará os biólogos da pesca a compreender a biologia e a ecologia do peixe, o que poderá ser de grande utilidade para tomar medidas adequadas para o desenvolvimento sustentável da cultura, gestão e produção de raças indígenas necessárias para a piscicultura nas condições climáticas do Nepal.

Este tipo de trabalho é muito necessário no contexto da piscicultura no Nepal. Para um estudo mais aprofundado, o investigador deve dispor de um laboratório bem equipado com equipamento moderno, para que o trabalho de investigação possa ser efectuado em profundidade.

BIBLIOGRAFIA

Ahmad, N.1984. Methods of collection and hatching of carp ova in Chittagong with some suggestions for their improvement. J. Bombay Nat. Hist. Soc. **47**(4) 563-601.

Aluko, P.O. and Rath, S.C. 1999.Some observation on the developing embryo of a teleost *Catla catla* (Hamilton).Developmental Science.

Annon, 1966. Report on fish spawns prospecting investigation, Uttar Pradesh and Bihar. Boletim do Instituto Central de Investigação das Pescas Interiores de Barrackpore.

Ballard, W.W. 1973.Morphogenetic movements in *Salmo gairdneri* Richardson. J. Exp.Zool. **184**:28-48.

Betchaku, T. e Trinkaus, J.P. 1978. Contact relations, surface activity, and cortical microfilaments of marginal cells of the enveloping layer of the yolk syncytial and yolk cytoplasmic layers of *Fundulus* before and during epiboly. J. Exp. Zool. **207**:381-426.

Bhattacharya, H. 2006. Promoção da embriogénese de um peixe modelo, o barbo rosado (*Puntius conchonius*), efeito da salinidade no desenvolvimento inicial e toxicidade histopatológica do CCl4.

Bhattacharya, H., Zhang, S. C. and Wang, Y.J. 2005.Embryonic development of the rosy barb *Puntius conchonius* Hamilton 1822 (Cyprinidae).Tropical Zoology. **18**(2): 25-37.

Burton, N. 1979. The breeding and early development of *Clarias gariepinus* in Lake Sibaya, South Africa with a review of breeding of sub-genus *Clarias*, Trans. Zool. Soc. London, 1-45.

CBS 1989. Statistical Year Book of Nepal. HMG/NPC Central Bureau of Statistics, Kathmandu.

Chakraborty, R.D. e D.S. Murty, 1972. Life history of Indian major carps, *Cirrhinus mrigala* (Ham.), *Catla catla* (Ham.) and *Labeo rohita* (Ham.) J. Inland Fish. Soc. India, **4**: 132-161.

Páscoa, Jr. S.S.e Nircola, G.N. 1966. O desenvolvimento da visão no peixe-zebra (*Danio rerio*). Developmental Biology. **180**:646-663.

Edds, D.R. 1986. Fishes of kali Gandaki/Narayani rivers, Nepal, Journal Nat. Hist. Mus. T.U. Kathmandu. **10**(14): 13-22.

Faruk, A., Erdinc, S. e Zafer D.S. 2011. Embryonic and larval development of freshwater fish, Recent Advances in Fish Farms, Dr. Faruk Aral (Ed.), ISBN: 978953-307-759-8, In Tech, Disponível em: http://www.intechopen.com/books/recent-advances-in-fish-

farms/embryonic-and- desenvolvimento larvar de peixes de água doce.
Hamilton, F. 1822. An account of the fishes found in the river Gangaes and its branches. Edinburg. 405pp.
Hora, S.L. 1945.Análise dos factores que influenciam a desova das principais carpas. Proc. Nat. Inst. Sc. India **11**(3): 303-312.
Kelsh, R.N., Brand, M., Jiang, Y-J., Heisenberg, C.-P., Lin S., Haffter, P. et al. 1996.Zebrafish Pigmentation mutations and the processes of neural crest development.Development.**123**:369-389.
Kimmel, C.B., Ballard, W.W., Kimmel, S.R., Ullmann, B. e Schilling, T. F. 1995.Stages of embryonic development of the zebra fish. Developmental Dynamics.**203**:253-310.
Kunal, K. 2011. Desenvolvimento embrionário e dos ovos nas carpas principais da Índia (IMC).
Lam S.H., Chua H. L., Gong Z., Gong Z., Lam T.J. e Sin Y.M. 2004. Desenvolvimento e maturação do sistema imunitário no peixe-zebra, *Danio rerio*: um perfil de expressão genética, hibridação in situ e estudo imunológico. Developental and Comparative Immunology. **28**:9-28.
Milos, N. e Dingle, A.D. 1978. Dinâmica da formação de pigmentos em Zebrafish, *Brachydanio rerio*. 1. Estabelecimento e regulação da faixa melanófora da linha lateral durante os primeiros 8 dias de desenvolvimento. Journal of Experimental Zoology.**205**: 205-216.
Mookerjee, H. K. 1945. Life histories of some major carps of Bengal.*Sci.* &Cult.,**10** (9):400-402.
Nayak, P.K.,Mahapatra, C.T., Mishra, J. and Mishra, T.K. 2002.Effect of treatment of eggs with thyroxin and Cortisol on larval morphometry and survival in the freshwater carp, *Catla catla* (Ham.)Indian J. Fish., **47**(4): 337-342,
Patra, R.W.R. e Azadi, M.A. 1985. Hydrobiological conditions influencing the spawning of major carps in the Halda River, Chittagong, Bangladesh. Bangladesh J. Zool.**13**(1):63-72.
Rahman, M.M.,Miah, M.T., Tahor, M.A., Hassan, M.M. 2009. Desenvolvimento embrionário e larvar de *Mastacembelus, panculus* (Hamilton). J. Bangaldesh Agsil. Univ. **7**(1): 193-204.
Rath, S.C., Mandal, B. e Gupta, S.D. 2002. Embrionic mortality of India Major Carp in some eco-hatchery system. Indian J. Fish, **49**(3): 287-297.
Seyoum, G., Robertson, M. G., Persaud, T.V.N. e Paterson, J. A.1999. Influência do lactogénio-I da placenta de rato no desenvolvimento de embriões inteiros de rato em cultura. Journal of Endocrinology, **160**: 231-237.

Shrestha, T.K.1986. Ecologly and behavior of Mahaseer *Tor Putitora* Hamilton in the Himalayan Water of Nepal, P. 689-692. Em J. L. Maclean, L.B. Dizon e L. V. Hossilos (eds.) The first Asian First Asian Fisheries Forum. Sociedade Asiática de Pesca, Manila, Filipinas.
Shrestha, T.K. 1993. Chronology of early development and life history of the Golden Mahaseer in the inter gravel environment of the Himalayan Water of Nepal, P. 253-270.In H. R. Singh (ed.) Advances in Limnology. Narendra Publishing House, Delhi.
Shrestha, T.K. 2008. Ichthyology of Nepal. Himalayan Ecosphere, Catmandu, Nepal.
Sinha, V.R.P., Jhingran, V.G. e Ganapati, S.V. 1974. A review on spawning of the Indian Major Carps. Arch. Hydorbiol. **73**: 518-536.
Stainier, D. Y.R., Lee, R.K., e Fishman, M.C.1993.Desenvolvimento cardivascular no peixe-zebra. I. Mapa do destino miocárdio e formação do tubo cardíaco. Desenvolvimento **119**:3140.
Stickney, A. L., Barresi, M. J.F. e Devotos, S.H.2000.Somite development in zebrafish. (Revisão) Developmental Dynamics.**219**:287-303.
Strehlow, D., Heinrich, G., e Gilbert, W. 1993.A fate map for the first cleavages of the zebrafish. Nature **361**:451-453.
Thakur, N. k., Pal, R. N. and Khan, H. A.1974.Embryonic and larval development of *H. fossilis* (Bloch).J.Inland Fish. Soc., India **6**: 33-44.
Thakur N.K. 1980.Notes on the embryonic and larval development of an air breathing catfish *Clarias batrachus* (Lin.) J, Inland fish. Soc. India **12**:30-43.
Thorogood, P. e Wood, A.1987.Analysis of in vivo cell movement using transparent tissue systems.J Cell. Sci. Suppl., **8**: 395-413.
Timmermans, L. P.M. and Taverne, N.1989.Segregation of primodial germ cells: their number and fate during early development of *Barbus conchnius* (Cyprinidae, Teleostei) as indicated by 3 H-thymidine_in corporation. Journal of Morphology and Cell Biology.**202**:225-237.
Trinkaus, J.P. 1984.Mechanism of *Fundulus* epiboly-a current view. Am. Zool. **24**:673-688.
Trinkaus, J.P. 1992. The mid blastula transition, the YSL transition and the onset of gastrulation in *Fundulus*. Desenvolvimento [Suplemento]: 75-80.
Wessels, N. K.1982.A catalogue of processes responsible for metazoan morphogenesis. Em Evolution and Development (ed. J. T. Boner) Dahlen Konferenzen: Springer- Verlage. 115-154.
Westerfield, M. 1995. The zebra fish book.3rd Ed.A guide for the laboratory use of zebra fish (*Brachydanio rerio*). University of Oregon

Press, Eugene, OR 974031254.2.1-2.18.
Wood, A. e Timmermans, L. P. M.1988. Teleost epiboly: a reassessement of deep cell movement in the germ ring .Development. **102**: 575-585.
Wood, A. e Thorogood, 1994.P. Patterns of cell behavior underlying somitogenesis and notochord formation in intact vertebrate embryos. Developmental Dynamics, **201**:151-167.
Wu K.C., Streicher J., Lee M. L., Hall B.K. e Muller G.B. 2001. Role of mortality in embryonic development I: embryo movements and amnion contractions in the chick and the influence of illumination. Journal of Experimental Zoology (MolDevEvol).**91**: 286-194.
Zakaria, M. H., Amin, S. M. N.,Rahman, A. M.,Mahmud, H .M.,Christianus, A., Siraj, S.S. et al., 2013. Desenvolvimento embrionário e larval de temoleh ameaçado, *Probarbus jullieni* (Sauvage). Asian Journal of Animal and Veterinary Advance.**8**: 362-268.

APÊNDICES
Placa-8

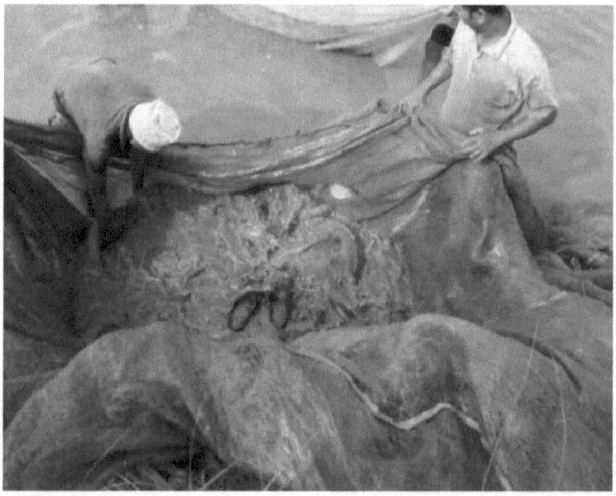

1

2

Fotografias (1) e (2) mostrando peixes de criação a serem retirados da rede

Placa-9

3

4

As fotografias (3) e (4) mostram peixes reprodutores a serem seleccionados para reprodução.

Placa-10

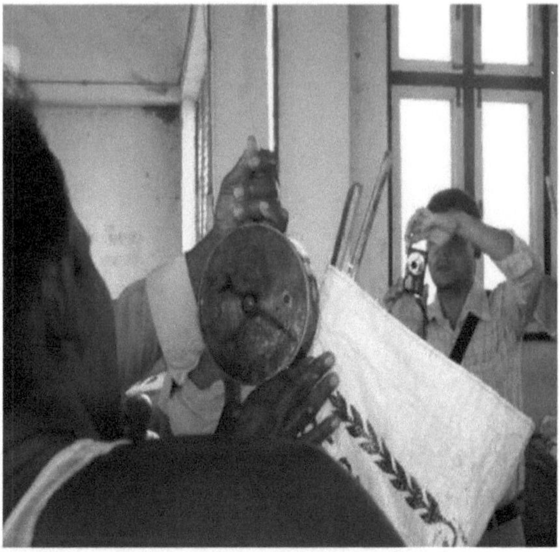

5

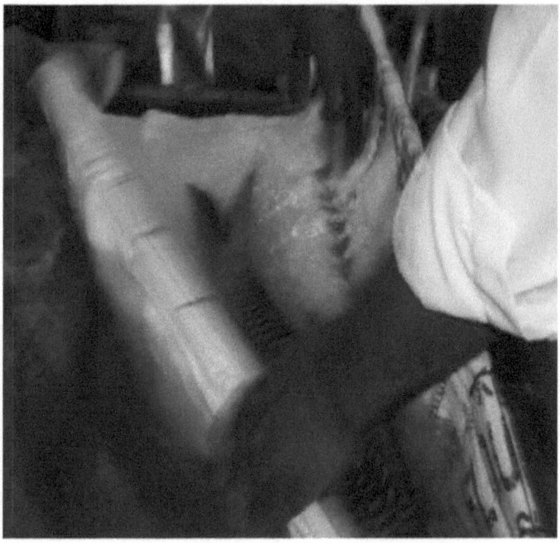

6

Fotografia que mostra (5) a pesagem dos peixes da ninhada, (6) a ninhada a ser transportada numa maca

Placa-11

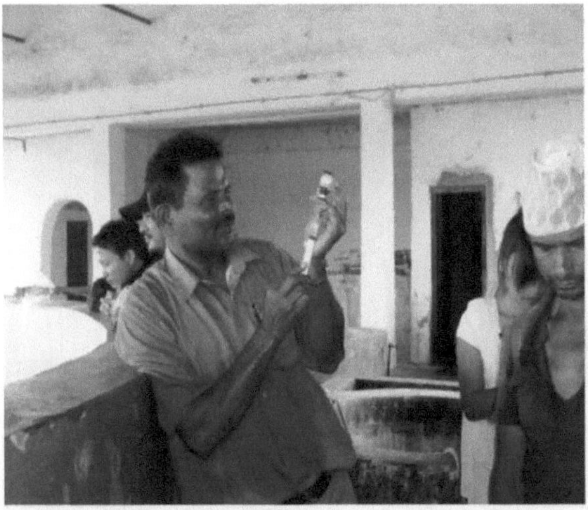

7

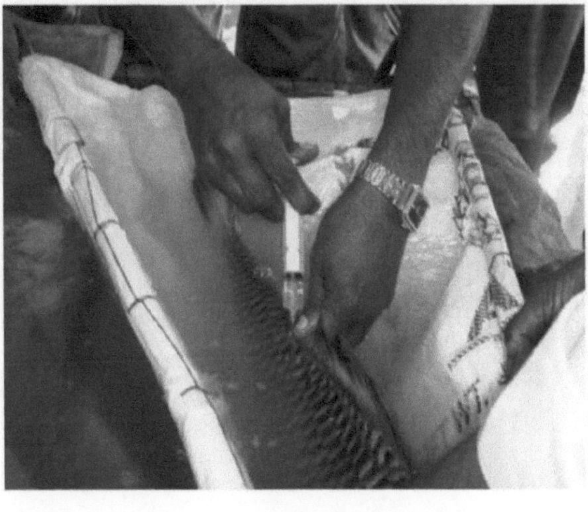

8

Fotografia (7) e (8) mostrando a estimativa da dose de hormona e a hormona a ser administrada às crias.

Placa - 12

9

10

Fotografia (9, 10) mostrando o tanque de desova e incubação.

Placa - 13

11

12

Fotografia (11 e 12) do tanque de desova e de incubação.

Placa - 14

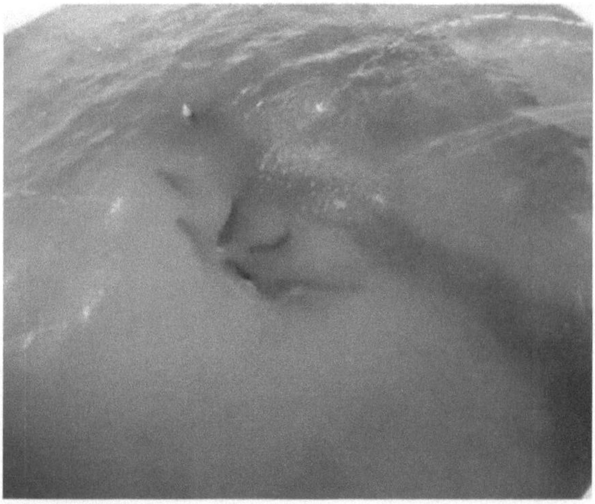

13

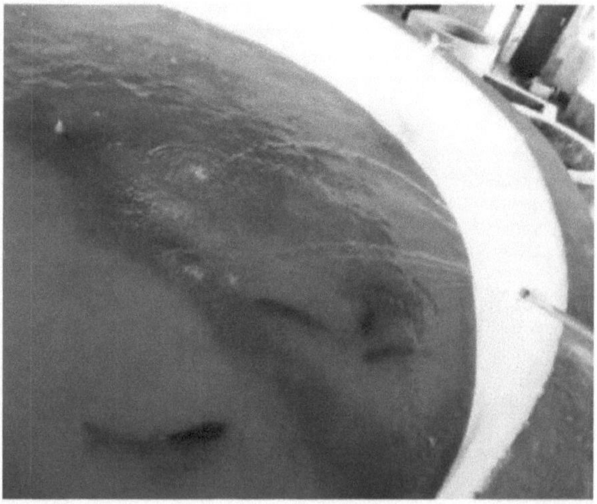

14

Fotografia (13, 14) mostrando uma vista do tanque de desova onde os peixes reprodutores foram libertados após a administração de hormonas.

Placa - 15

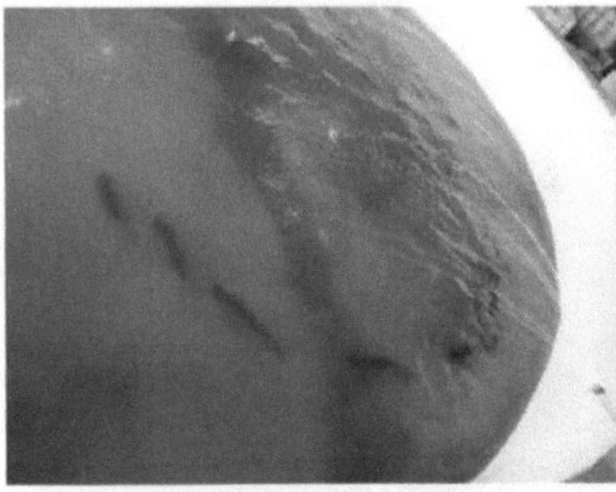

15 16

17 18

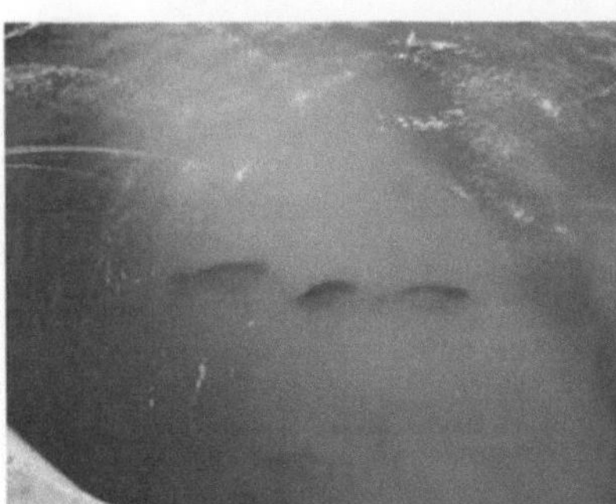

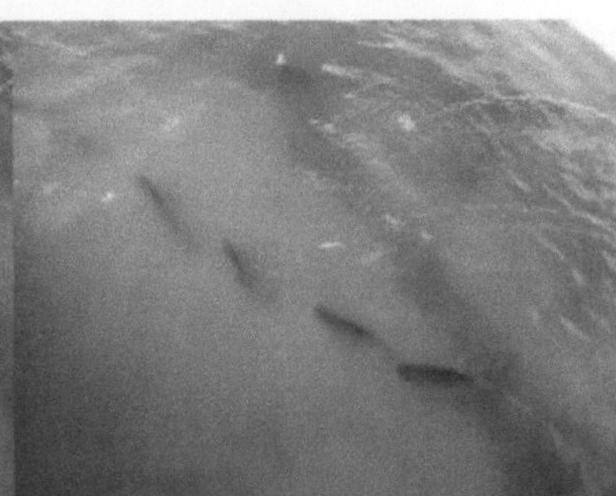

19 20

Fotografias (15, 16, 17, 18, 19 e 20) que mostram uma vista de um tanque de spawinig em Tarahara, onde está a decorrer o cortejo entre machos e fêmeas da ninhada.

Placa - 16

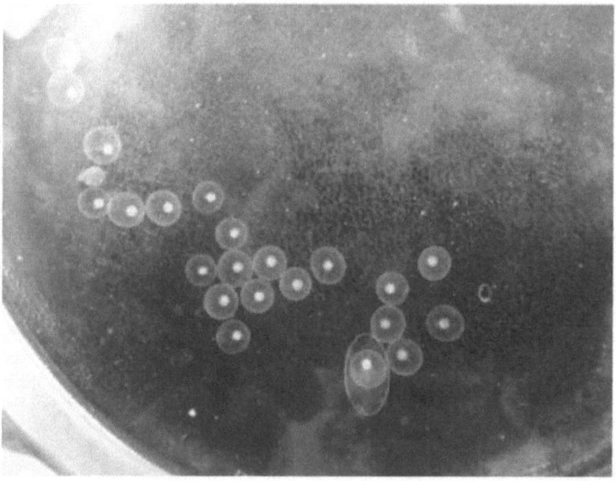

21

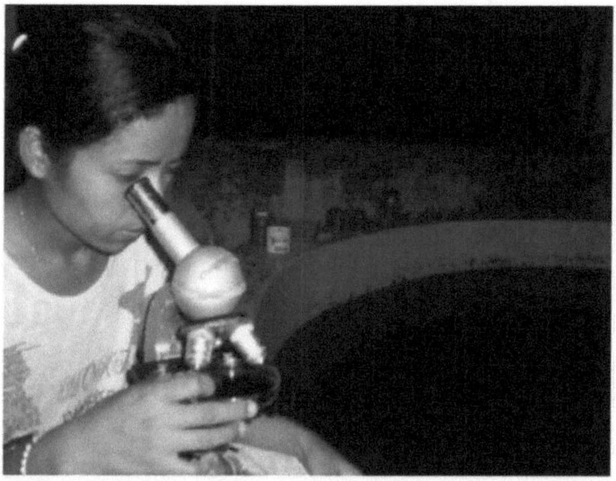

22

Fotografia (21) mostrando uma vista de ovos fertilizados recolhidos no petridish(22) Resercher observando os embriões

Placa - 17

23

24

Fotografia (23) mostrando uma amostra conservada em líquido de Bouin (24) Vista da mesa de trabalho do laboratório de ictiologia.

Placa-18

25

Fotografia (25) que mostra o micrótomo no laboratório de Ictiologia do P.G. Campus Biratnagar.

26

Fotografia (25) Investigador a trabalhar com o micrótomo no laboratório.

Placa - 19

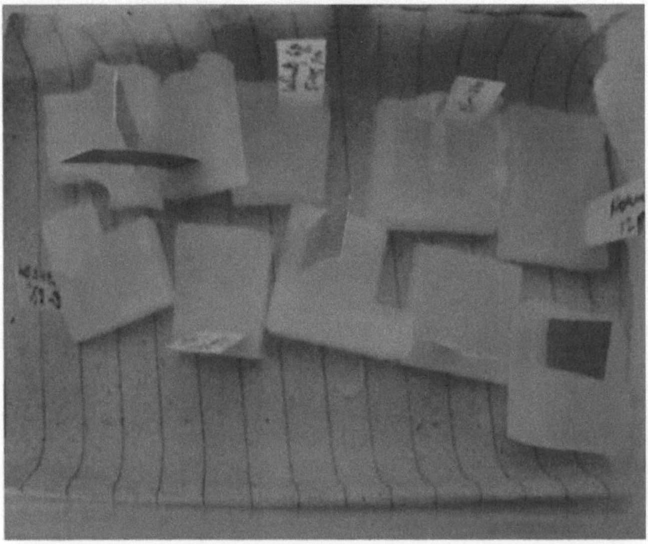

27

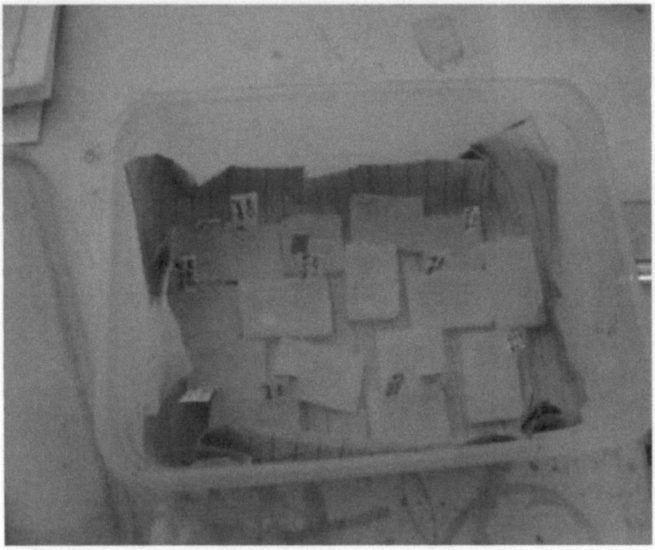

28

Fotografia (27 e 28) que mostra o bloco de ovos incluído em parafina.

Placa-20

29

30

Fotografia (29 e 30) mostrando o investigador com o Dr. Bharat Raj Subba, amigos e técnicos de reprodução no viveiro de peixes, Tarahara.

MIX
Papier aus verantwortungsvollen Quellen
Paper from responsible sources
FSC® C105338

Printed by Books on Demand GmbH, Norderstedt / Germany